FEUCHTIGKEITS-MESSUNG

VON

DR. HERMANN BONGARDS

MIT

126 TEXTABBILDUNGEN

UND 2 TAFELN

DRUCK UND VERLAG VON R. OLDENBOURG

MÜNCHEN UND BERLIN 1926

www.ingramcontent.com/pod-product-compliance
Lightning Source LLC
Chambersburg PA
CBHW022311240326
41458CB00164BA/826